이 책을 만든 이:

바둑판무늬의 사각형을
색칠해서 내 이름을
만들어 보아요.

수학 없는 수학

글 애나 웰트만 | **옮김** 고호관 | **감수** 이광연(한서대학교 수학과 교수)

사파리

글 애나 웰트만

미국 뉴욕에서 교사로 일하고 있어요. 어린이들에게 열정적으로 수학을 가르치려고 노력하고 있지요. 수학이
어떻게 세상의 일부가 되는지, 음악과 예술 속에도 수학이 숨어 있다는 걸 보여 주고 싶어서 이 책을 썼답니다.
수학에 대한 애정을 나눌 때를 제외하면 예술과 공예품 만들기, 요리, 음악을 즐기며 시간을 보낸답니다.

옮김 고호관

㈜동아사이언스에서 〈수학동아〉 편집장을 맡고 있어요. 재미있고 톡톡 튀는 기사로 수학의 즐거움을 널리
알리려고 부단히 애쓰고 있답니다. 판타지에 관심이 많아서 《술술 읽는 물리 소설책 1~2》을 쓰기도 했어요.
옮긴 책으로는 《진짜 진짜 재밌는 곤충 그림책》, 《아서 클라크 단편 전집》 등이 있지요.

감수 이광연(한서대학교 수학과 교수)

어릴 때부터 어려운 수학 문제 푸는 걸 좋아했어요. 한 문제 맞힐 때마다 느껴지는 쾌감과 감동을 잊지 못해
수학을 계속 공부했지요. 미국 와이오밍 주립대학교에서 박사 후 과정을 마쳤고, 현재는 한서대학교에서
수학 교수로 활동하며 수학이 얼마나 재미있는 학문인지 가르치고 있어요. 그래서 《웃기는 수학이지 뭐야》,
《신화 속 수학이야기》 등을 썼어요. 또한 7차 교과과정 중·고등학교 수학 교과서의 저자이기도 하답니다.

수학 없는 수학

초판 1쇄 발행일 | 2015년 5월 20일
개정 2판 1쇄 발행일 | 2025년 1월 10일
글 애나 웰트만 | 옮김 고호관 | 감수 이광연
펴낸이 유성권 | 편집장 심윤희 | 편집 심미정 | 디자인 황금박g
마케팅 김선우, 강성, 최성환, 박혜민, 김현지 | 홍보 김애정, 임태호
제작 장재균 | 관리 김성훈, 강동훈
펴낸곳 (주)이퍼블릭 | 출판등록 1970년 7월 28일(제1-170호)
주소 서울시 양천구 목동서로 211 범문빌딩 | 전화 02-2651-6121 | 팩스 02-2651-6136
홈페이지 www.safaribook.co.kr | 카페 cafe.naver.com/safaribook | 인스타그램 @safaribook_
블로그 blog.naver.com/safaribooks | 페이스북 www.facebook.com/safaribookskr

ISBN 979-11-6951-171-1 73410

FSC
www.fsc.org
혼합
책임 있는 종이
산림 지원
FSC® C016973

수학과 예술

언뜻 보면 수학과 예술은
아무 상관 없어 보여요.

하지만 조금 더
자세히 살펴보면 **공통점**이
많다는 걸 알게 돼요.

수학은 여러 가지 모양으로
가득하거든요.

어떤 모양은 아름다워서 **장식용**으로
쓰이기도 하고 또 어떤 모양은
아주 **복잡해** 보이기도 하지요.

우리 뇌는 일정한 형식에 따라 변화하는 무늬나 모양을 잘 알아본다고 해요.
무늬와 일정한 형식의 변화는 수학과 예술에서 모두 아주 중요한 부분을
차지하지요. 여러분이 예술적인 창의력을 조금만 발휘한다면 수와 도형은
살아 숨 쉴 수 있어요. 그러면 아주 놀라운 일이 벌어진답니다!
이어지는 수가 멋진 소용돌이 모양을 만들기도 하고(50~53쪽),
같은 축 위에 있는 여러 점이 복잡한 3차원 그물을 만들기도 하지요(18~19쪽).
수학 원리를 이용하면 원근법으로 그림을 그릴 수 있어요(60~63쪽).
그리고 수학 퍼즐(34~35쪽)은 우리 뇌를 깜짝 놀라게 할 예술 작품을 만들지요.

이 책에는 수학과 예술이 이어져 있을 뿐만 아니라 수학이 재미있다는
것을 보여 주는 활동으로 가득해요!
어떤 활동을 익히고 나면 여러분 스스로 예술 작품도 만들 수 있어요.
잊지 말고 이 책 뒤에 있는 빈 종이와 모눈종이로 연습해 보아요.
자, 준비됐으면 이제 여러분만의 멋진 예술 작품을 만들어 볼까요?

우리들의 도구 상자

종이와 연필 그리고 자만 있으면 멋진 수학 예술 작품을 만들 수 있어요. 만약 도구가 몇 가지 더 있다면 여러분의 실력을 한 단계 더 높일 수 있지요.

각도기 : 각을 잴 때 써요. 한쪽은 평평하고, 다른 한쪽은 둥근 반원으로 이루어져 있어요. 둥근 부분에 각도를 나타내는 단위인 도(°)가 0°부터 180°까지 표시되어 있어요.

각 : 각도기가 없어도 주어진 여러 가지를 이용해 체험 활동을 할 수 있어요. 모양대로 잘라 두었다가 각도의 크기를 잴 때마다 사용해 보아요.

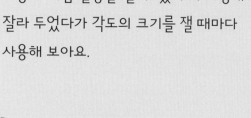

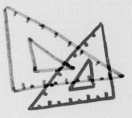

컴퍼스 : 완전한 원을 그릴 때 꼭 필요한 도구예요. V자 모양으로 생겼는데 한쪽 다리 끝에는 연필을 매달 수 있고, 다른 쪽 끝은 뾰족하지요. 뾰족한 부분을 종이에 대고 그 점을 중심으로 컴퍼스를 둥그렇게 돌리면 원이 그려져요. 11쪽에서 컴퍼스 사용법을 배워 보아요.

셀로판테이프 : 우리가 흔히 사용하는
투명한 테이프예요.

모눈종이 : 네모나거나 세모난 격자무늬가 있는 종이예요.
이 책 뒷부분에 있는 종이를 사용하면 돼요.

빈 종이 : 그림을 그리거나 잘라서 무언가를 만들 때 필요해요.
이 책 뒷부분에 있는 모눈종이 뒷면을 사용하면 돼요.

투명종이 : 어떤 모양을 똑같이 그릴 때 필요해요.
이 책 뒷부분에 있는 종이를 사용해도 돼요.

가위 : 어떤 모양으로 자르거나 귀퉁이를 잘라 낼 때 필요해요.
작은 가위면 충분해요.

완전한 원

내가 그린 원은 얼마나 완전할까요?
도구를 사용하지 않고 원을 그려 보아요.
가능한 한 완전한 동그라미가
되도록 그려 보아요.

여러 크기의 원을 서로 겹치도록 많이 그려 보아요!

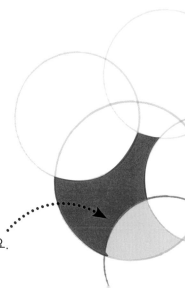

도전!

서로 겹쳐 있는 원을 색칠해 보아요. 이웃한 부분은 반드시 다른 색으로 칠해야 해요.

원 그리기 도전!

점 3개를 지나는 원을 그려 보아요. 어떤 점 3개를 지나는 원은 오로지 하나밖에 없다는 것을 알고 있나요?

점 3개를 지나는
원을 그릴 수 있나요?

또 다른 도전!

컴퍼스로 완전한 원을
그려 보아요.

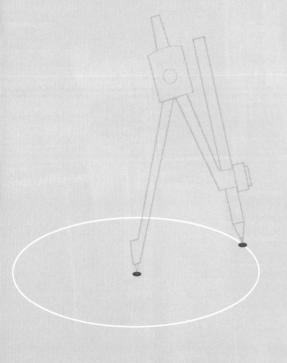

1 컴퍼스의 뾰족한 부분을
이 점 위에 갖다 대요.
여기가 원의 중심이에요.

2 컴퍼스에 고정시킨
연필심을 이 점 위에
갖다 대요.

3 이제 컴퍼스의 뾰족한 부분을 중심으로 연필을
돌리면 완전한 원이 그려질 거예요.

둥글게 둥글게

원을 얕보면 안 돼요! 원을 여러 개 붙이거나
겹치면 놀라운 모양이 만들어진답니다. 원으로
어떤 무늬가 만들어지는지 살펴볼까요?

1 바둑판무늬가 십자 모양으로
만나는 점에 컴퍼스의
뾰족한 부분을 놓아요.

2 사각형 4개에 꽉 차게 원을 그려요.

3 원을 더 그려 보아요.

4 원과 원이 겹치는
부분에 색을 칠해요.

컴퍼스와 바둑판무늬만 있으면 멋진 꽃잎 무늬를 만들 수 있어요.
책 뒤에 있는 모눈종이에 직접 그려 보아요!

예쁜 꽃잎 만들기

1 선과 선이 만나는 점에 컴퍼스의 뾰족한 부분을 갖다 대요.

2 삼각형 6개에 꽉 차게 원을 그려요.

3 같은 방법으로 종이 가득 원을 그려요.

4 꽃잎 모양에 색깔을 칠해요.

컴퍼스와 삼각형 무늬를 이용해 예쁜 꽃잎을 만들어 보아요.

사랑하는 원

이건 심장일까요? 사과일까요? 솔방울일까요? 어떻게 보느냐에 따라 달리 보일 거예요.
이렇게 반지름의 길이가 같은 여러 개의 원들이 겹쳐져 만들어진 도형을 '심장형 곡선' 혹은
'카디오이드'라고 해요. 가장 바깥쪽의 모양이 심장처럼 생겨서 붙여진 이름이지요. 그 안에
여러 크기의 원이 있어 더욱 멋져 보여요..

그림 안을 칠해 보아요. 체크무늬로 칠하면 아주 멋있답니다!

심장형 곡선을 만들어 볼까요!

맨 아랫부분에 있는 심장형 곡선을 그려 보아요. 숫자를 적어 놓은 아래의 원으로
연습한 뒤 빈 종이에 스스로 그려 보아요.

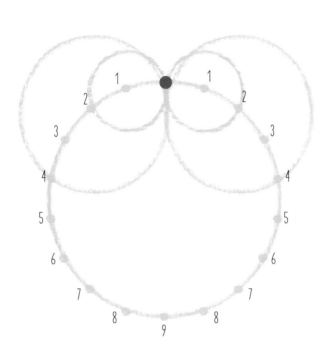

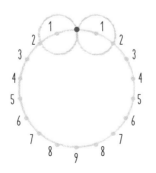

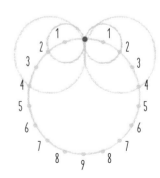

1 컴퍼스로 숫자 1이 표시된
점을 중심으로 원을 그려요.
그 원은 반드시 꼭대기점을
지나야 해요.

2 그 옆에 숫자 1이 표시된
또 다른 점을 중심으로 원을
그려요. 그 원도 반드시 꼭대기
점을 지나게 그려야 해요.

3 숫자 2가 표시된 점을 중심으로
더 큰 원을 2개 그려요. 같은 방법으로
9까지 원을 그려요. 그리고 끝으로 가장
큰 원을 하나 그리면 되지요.

마성의 포물선

반드시 원을 그려야 곡선이 만들어지는 건 아니에요. 직선으로도 곡선을 만들 수 있답니다!
한번 그려 볼까요? 자를 이용해 아래처럼 똑같은 숫자끼리 이어지게 직선을 그려 보아요.
(1과 1, 2와 2 등등.)

이렇게 만들어진
곡선을 '**포물선**'
이라고 해요.

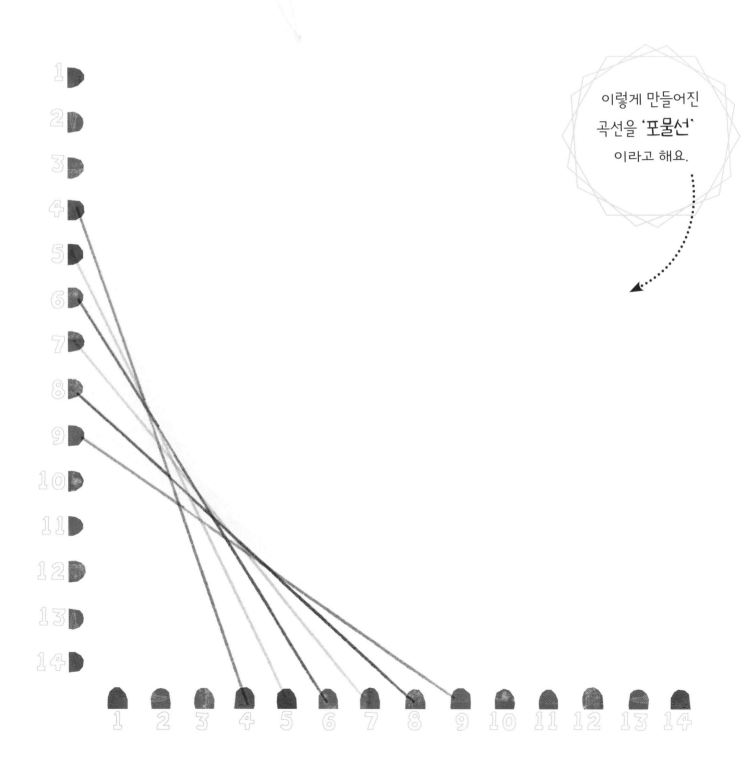

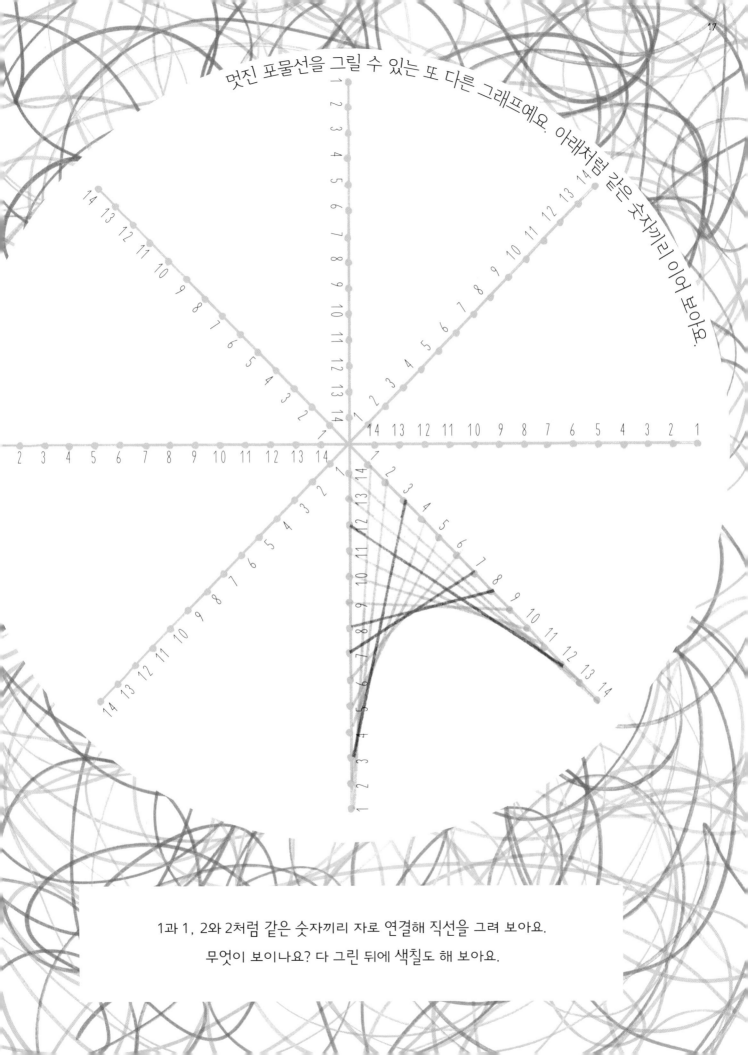

멋진 포물선을 그릴 수 있는 또 다른 그래프예요. 아래처럼 같은 숫자끼리 이어 보아요.

1과 1, 2와 2처럼 같은 숫자끼리 자로 연결해 직선을 그려 보아요.
무엇이 보이나요? 다 그린 뒤에 색칠도 해 보아요.

18

놀라운 거미줄

직선을 여러 개 겹쳐서 거미가
부러워할 만한 **포물선** 거미줄을
만들어 보아요.

삼각형 주위에 있는 숫자를 같은
것끼리 짝지어 연결해요. 빨간색과
파란색, 파란색과 초록색, 초록색과
빨간색을 모두 연결해 보아요.

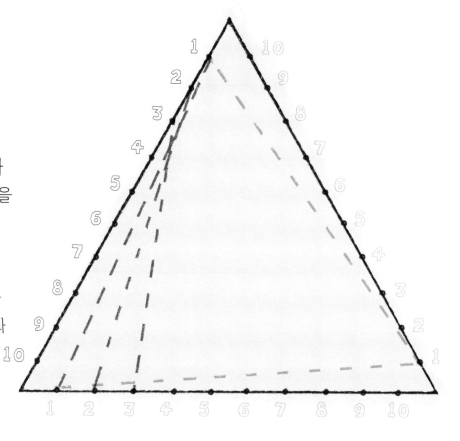

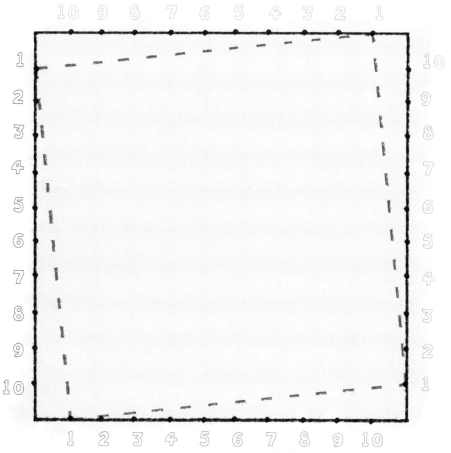

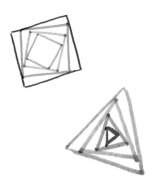

이제 사각형에 포물선을
그려 볼까요? 빨간색과 노란색,
노란색과 초록색, 초록색과 파란색,
파란색과 빨간색을 모두
연결해 보아요.

어떤 거미줄을 만들 수 있을까요? 책 뒷부분에 있는
빈 종이에 나만의 거미줄을 그려 보아요.

원 주위에 있는 숫자를 연결해 신기한 곡선을 만들어 보아요.

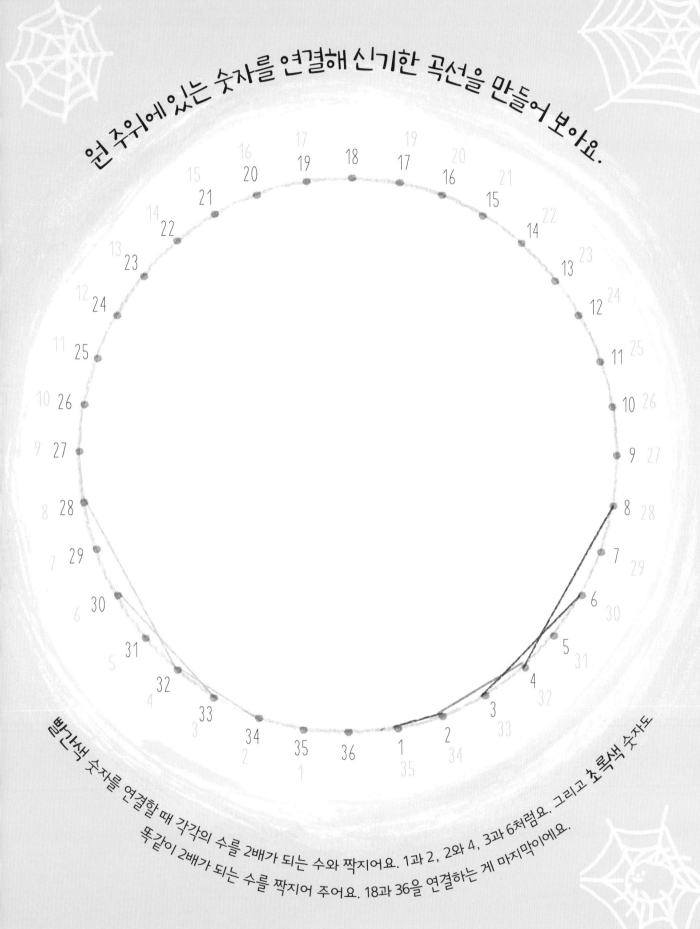

빨간색 숫자를 연결할 때 각각의 수를 2배가 되는 수와 짝지어요. 1과 2, 2와 4, 3과 6처럼요. 그리고 초록색 숫자도 똑같이 2배가 되는 수를 짝지어 주어요. 18과 36을 연결하는 게 마지막이에요.

선을 모두 그었을 때 어떤 모양이 나타나나요?
이 책에서 똑같은 모양을 찾을 수 있나요?

무수히 많은 원

한정된 공간에 무수히 많은 원을 넣을 수 있다는 걸 아나요? 먼저 이 삼각형 안에 최대한 큰 원을 그려 보아요. 그리고 주어진 남은 공간마다 가능한 한 꽉 차게 원을 그려 보아요.

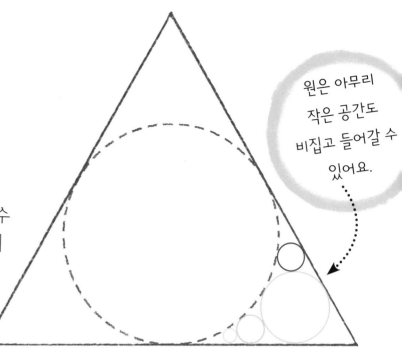

원은 아무리 작은 공간도 비집고 들어갈 수 있어요.

얼마나 많은 원을 집어넣을 수 있을까요?

각 삼각형 안에 가능한 한 가장 큰 원을 그려 보아요.
그리고 남은 공간에도 큰 원을 꽉 차게 그려요.

비눗방울 막대기에 비눗방울이 매달려 있듯이 이 원을 여러 개의 원으로 채워 보아요.

정확히 지름이 절반인 원을 그려 넣어요. 그리고 그 옆에 지름이 절반인 원을 계속해서 그려 나가요. 이렇게 남은 공간에 자유롭게 원을 채워 넣어요.

만다라

만다라는 우주를 상징하는 무늬예요.
지금까지 익힌 기술로 만다라를
만들어 볼까요?

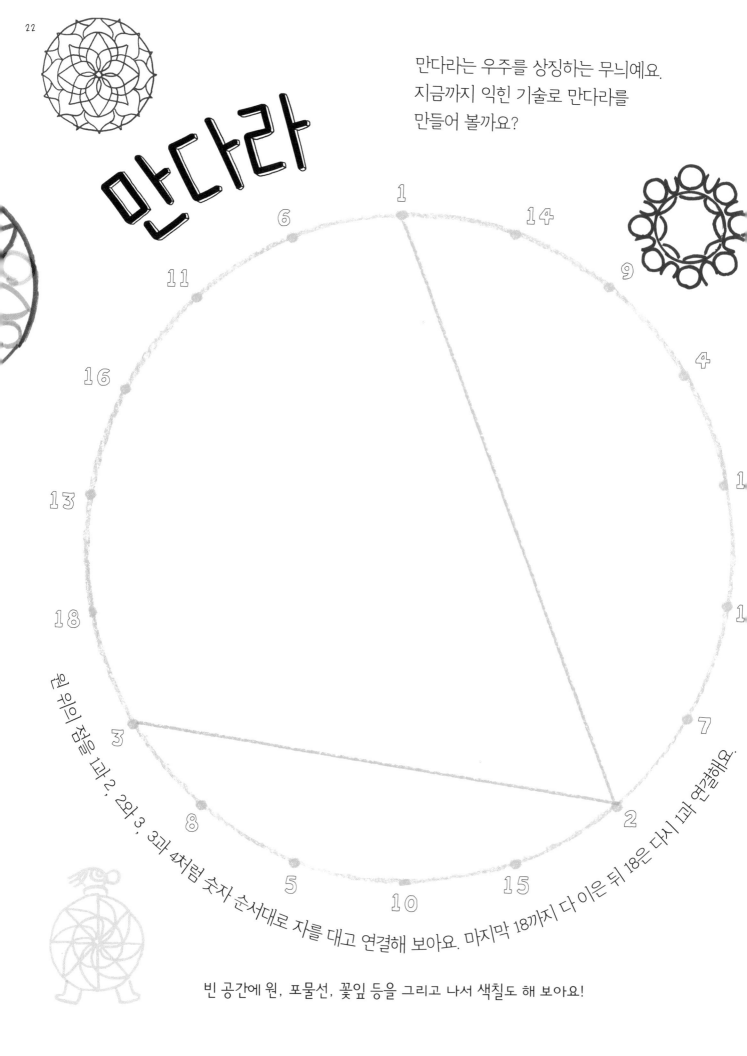

원 위의 점을 1과 2, 2와 3, 3과 4처럼 숫자 순서대로 자를 대고 연결해 보아요. 마지막 18까지 다 이은 뒤 18은 다시 1과 연결해요.

빈 공간에 원, 포물선, 꽃잎 등을 그리고 나서 색칠도 해 보아요!

복잡하지만 멋져요!

1 맨 먼저 0에서부터 5를 계속 더해 가
며 각 점을 선으로 연결해요. 35까지 그
리고 나면, 그 다음 4에서 계속 5를 더
해 가며 선을 그어요. 다시 0으로 돌아
올 때까지 계속 이렇게 그려 주면 돼요.

2 다시 0에서부터 11을 계속 더해 가
며 점을 선으로 연결해요. 33이 나오
면, 그 다음은 8부터 11을 더해 가요.
0으로 돌아올 때까지 이런 방식으로
점을 연결해요.

3 0에서 시작해 전과 같은 방법으로
계속 15를 더해 가며 점을 연결해요.
0으로 돌아오면, 이번에는 9씩 더해
가며 연결해요. 다시 0으로 돌아오
면 모양이 완성돼 있을 거예요!

삼각형 그리기

삼각형을 그리려면 점 3개를 연결해야 해요. 아래의 방법으로 직각삼각형 그리는 연습을 해 보아요. 그리고 그 삼각형으로 아름다운 무늬를 만들어 보아요.

직각삼각형은 모서리 한 곳의 각도가 90°예요.

1: 정사각형을 그려요.

3: 사각형의 절반을 지워요.

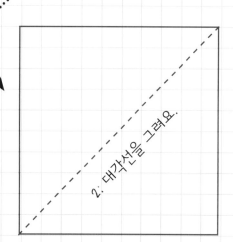

2. 대각선을 그려요.

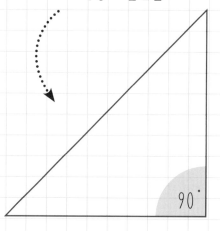

90°

삼각형 타일

조그만 삼각형으로 아름다운 무늬를 만들어 보아요.

모눈종이의 사각형 하나를 절반만 칠해 삼각형으로 만들어요.

이렇게 하면 삼각형 2개가 돼요. 하나는 하얗고, 하나는 빨갛지요.

서로 이웃한 삼각형을 빨갛게 칠해서 더 큰 무늬를 만들어요.

계속 무늬를 넓혀 가요.

새로운 삼각형 무늬를 그려 볼까요?

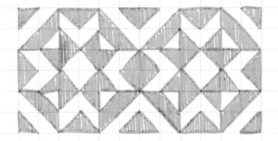

이제 책 뒤에 있는
모눈종이를 이용해 나만의
무늬를 만들어 보아요!

까다로운 삼각형

정삼각형은 세 변의 길이가 모두 같아요. 2가지 방법으로 그릴 수 있지요.
2가지 방법으로 모두 도전해 보아요!

각 이용하기 :

1: 8쪽에 있는 60° 짜리 각을
이용해서 그려 보아요.

2: 자를 이용해 2개의 변을 그려요.
단, 두 변의 길이가 똑같아야 해요.

3: 두 변의 끝점을 이어서 세 번째
변을 그려요. 이 세 번째 변도 나머지
두 변과 길이가 같지요.

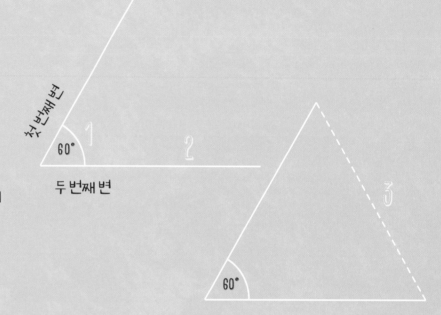

이제 직접 그려 보아요!

컴퍼스 이용하기 :

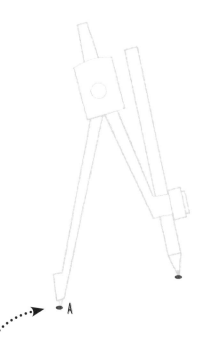

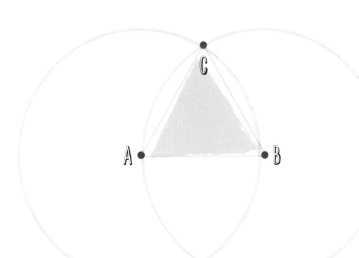

1 그리고 싶은 정삼각형의 변과 똑같은 길이로 컴퍼스의 너비를 벌려요.

2 컴퍼스로 원 하나를 그린 뒤 중심점을 A라고 표시해요.

3 원 위에 점 하나를 찍고 B라고 표시해요. 컴퍼스의 뾰족한 부분을 B에 놓고 A를 반드시 지나도록 원을 하나 더 그려요.

4 두 원이 만나는 점을 찾아서 C라고 표시해요. 자를 이용해 세 점을 이으면 정삼각형이 된답니다.

이제 직접 그려 보아요!

프랙털 느껴 보기

어떤 부분을 확대하고 축소했을 때 차이 없이 똑같은 무늬를 '프랙털'이라고 해요.
프랙털은 무한대로 확대해도 같은 무늬가 반복되어 보인답니다.

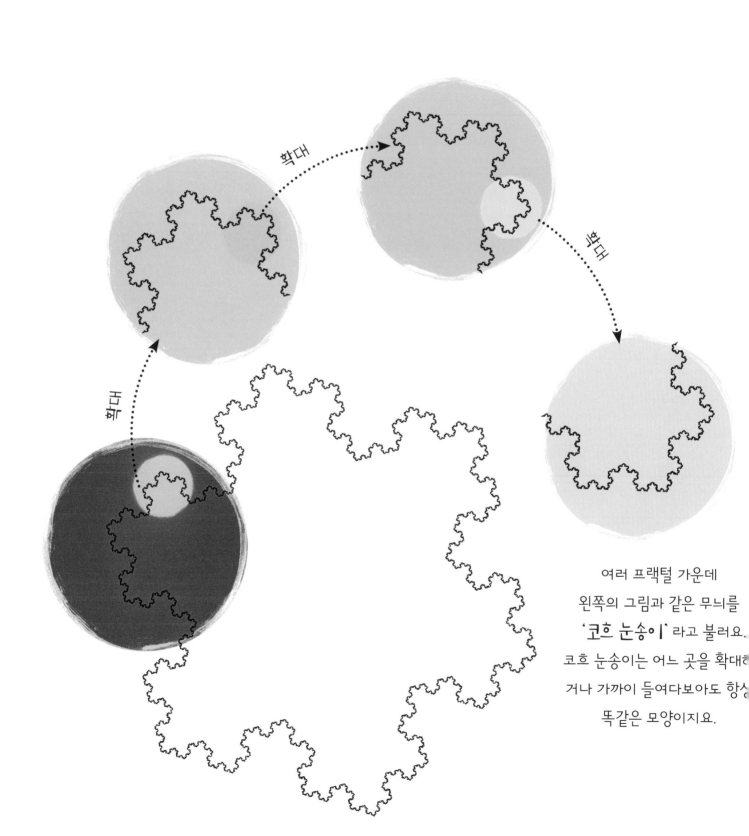

확대

확대

축소

여러 프랙털 가운데
왼쪽의 그림과 같은 무늬를
'코흐 눈송이'라고 불러요.
코흐 눈송이는 어느 곳을 확대하
거나 가까이 들여다보아도 항상
똑같은 모양이지요.

코흐 눈송이 만들기

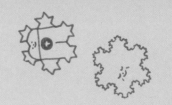

1 정삼각형을 그려요. (27쪽을 참고해요.) 8쪽에 있는 60°짜리 각도 조각을 이용하면 편하지요.

2 각 변에 작은 삼각형을 덧붙여요. 그러면 삼각형이 모서리가 6개인 별 모양으로 변하지요.

3 각 변마다 더 작은 삼각형을 가운데에 덧붙여요.

4 각 변의 가운데에 더 작은 삼각형을 계속 덧붙여요. 그럼 프랙털이 만들어진답니다.

이제 프랙털을 만들어 볼까요!

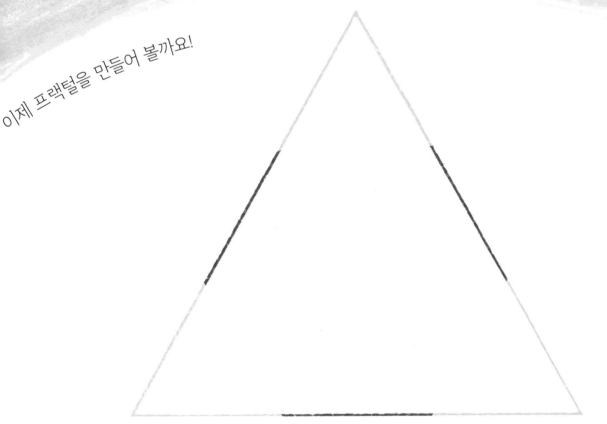

다른 모양의 프랙털 만들기
시어핀스키 삼각형

뾰족한 부분이 위로 향하는
큰 삼각형을 그려요.

큰 삼각형 안에 거꾸로 선 작은
삼각형을 그려요. 이때 작은
삼각형의 꼭짓점이 큰 삼각형
각 변의 중심에 오도록
해야 해요.

꼭짓점

같은 방법으로 그 옆에
거꾸로 선 작은 삼각형을
그려요. 더는 작게 그릴
없을 때까지 계속 그려
보아요!

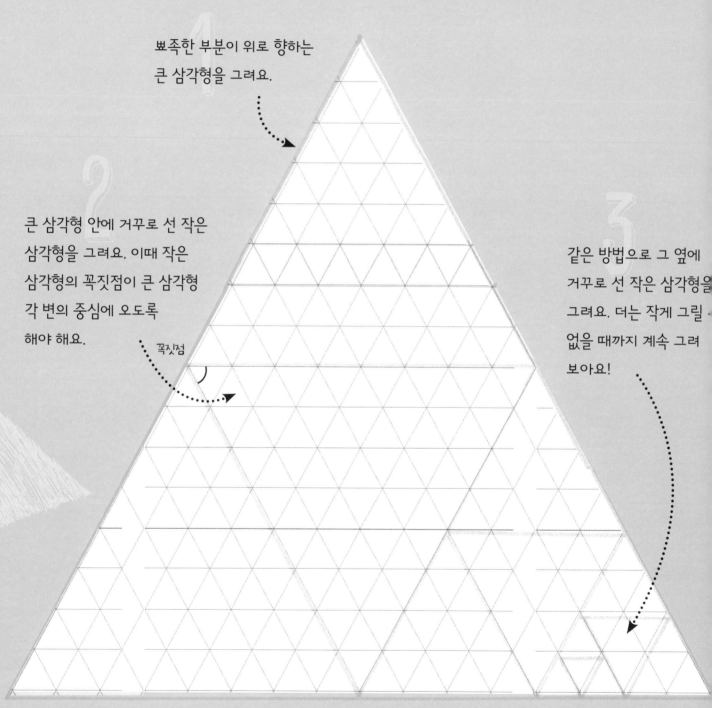

그려 보면 재미있어요!

더 그리고 싶으면 책 뒤에 있는 삼각형 모양의
모눈종이를 사용해요.

시어핀스키 나무 그리기

시어핀스키 삼각형은 마치 작은 나무처럼 보여요. 빈 공간에
삼각형을 더 그려 넣고 색칠해 보아요. 그리고 여기에 코흐 눈송이를
그려 넣으면 눈 내리는 수학 숲이 만들어질 거예요!

똑바로 선 삼각형과 거꾸로 선 삼각형을
서로 다르게 색칠하면 어떨까요?

파스칼의 무늬 만들기

숫자로 삼각형을 만들어요!

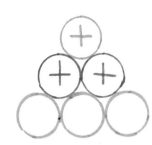

파스칼의 삼각형은 항상 맨 꼭대기가 1로 시작해요. 그 아래 줄에는 1이 2개 더 있어요.

그 아래부터는 위에 있는 두 수를 합한 값을 넣어요. 가장자리는 항상 1이랍니다.

나머지 칸을 채워 보아요.

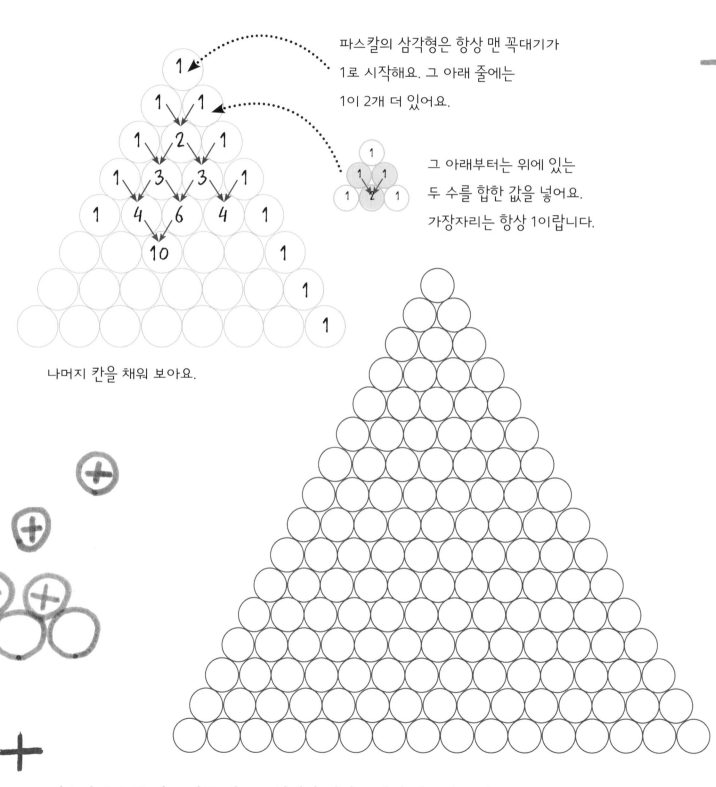

짝수와 홀수를 서로 다른 색으로 칠해서 어떤 모양이 되는지 보아요.
어디서 본 것 같은 무늬 아닌가요?

파스칼 삼각형 만들기

아래 삼각형에는 이미 숫자가 채워져 있어요. 4와 6에 각각의 수를 더한
숫자에 색칠하면 어떤 무늬가 되는지 지켜보아요.

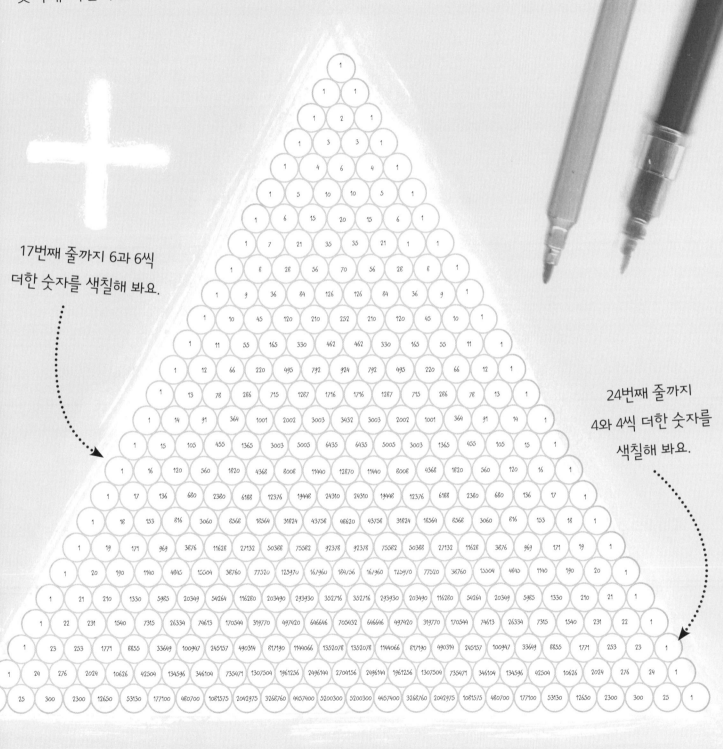

17번째 줄까지 6과 6씩
더한 숫자를 색칠해 봐요.

24번째 줄까지
4와 4씩 더한 숫자를
색칠해 봐요.

스토마키온

스토마키온은 수천 년 전부터 전해 내려오는 재미있는 퍼즐이에요. 서로 다르게 생긴 조각 14개를 붙여서 동물이나 식물 등 재미있는 모양을 만들어 보아요.

아래 그림이 스토마키온을 이루는 14개의 조각 모양이에요.

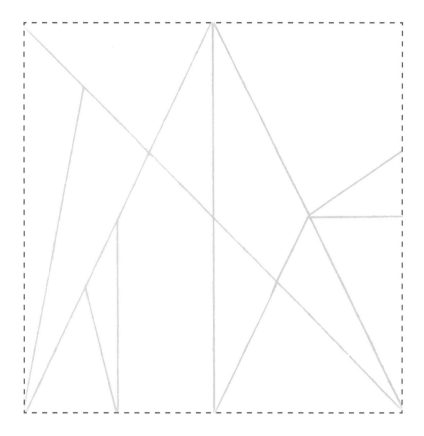

투명종이를 이 그림 위에
대고 똑같이 그린 뒤 가위로
잘라요. 이 조각을 이어
붙여서 파란 코끼리나
빨간 로봇을 만들어
보아요.

스토마키온 퍼즐 만들기

스토마키온 조각으로 아래의 빈 공간에 원하는 모양을 만들어 보아요. 그런 다음
모양의 가장자리를 따라 선을 그린 뒤 장식을 덧붙이면 스토마키온 퍼즐이 완성되지요.

스토마키온 조각을 이용해
가능한 한 여러 가지 방법으로
사각형이나 삼각형을
만들어 보아요!

정육각형 만들기

육각형은 변이 6개에 꼭짓점이 6개예요.
정육각형은 변과 내각의 크기가 모두 똑같아요.
2가지 방법으로 만들 수 있어요.

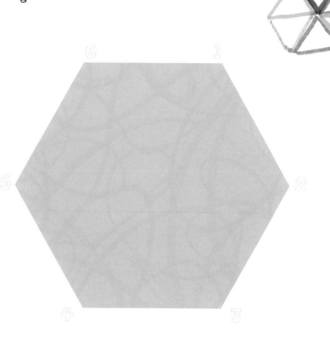

삼각형 이용하기

1: 27쪽에 소개한 방법으로 정삼각형 하나를 그려요.

2: 첫 번째 정삼각형과 한 변이 붙어 있는
두 번째 정삼각형을 그려요.

3: 두 번째 정삼각형과 한 변이 붙어 있는
세 번째 정삼각형을 그려요.

4: 같은 방법으로 그 아래에
정삼각형을 3개 더 그려요.

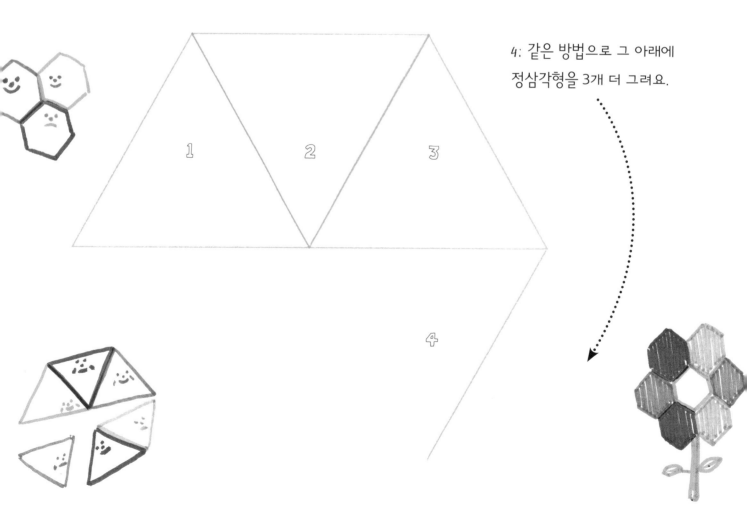

원으로 정육각형 만들기

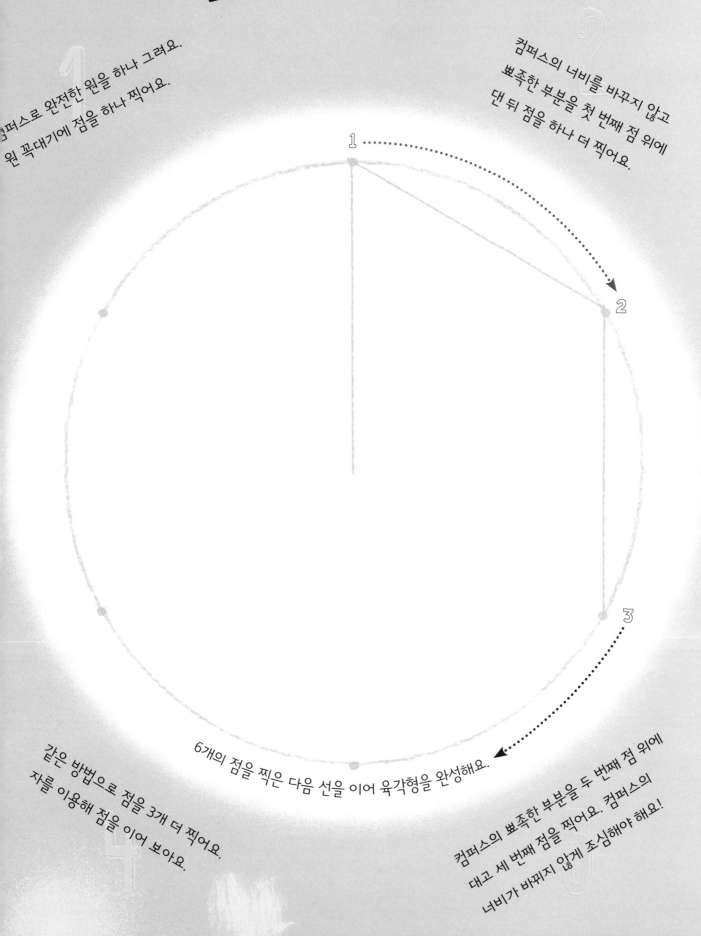

1 컴퍼스로 완전한 원을 하나 그려요.
원 꼭대기에 점을 하나 찍어요.

2 컴퍼스의 너비를 바꾸지 않고
뾰족한 부분을 첫 번째 점 위에
댄 뒤 점을 하나 더 찍어요.

3 컴퍼스의 뾰족한 부분을 두 번째 점 위에
대고 세 번째 점을 찍어요. 컴퍼스의
너비가 바뀌지 않게 조심해야 해요!

4 같은 방법으로 점을 3개 더 찍어요.
자를 이용해 점을 이어 보아요.

6개의 점을 찍은 다음 선을 이어 육각형을 완성해요.

쪽매맞춤 만들기

완성된 쪽매맞춤을 보면 마치 예술 작품 같아요. 도형으로 빈틈이나
겹치는 부분이 없도록 평면을 덮어서 새로운 무늬를 만들어 볼까요?
자와 각도기로 쪽매맞춤을 완성해 보아요.

삼각형 + 육각형   계속 그려 보아요!

이 책 뒤에 있는 빈 종이를 이용해
나만의 쪽매맞춤을 만들어 보아요!

사각형 + 삼각형　　**계속 그려 보아요!**

계속 그려
보아요!

사각형 + 삼각형 + 육각형

변신

완전한 도형으로만 쪽매맞춤을 만들 수 있는 건 아니에요. 정사각형이
아닌 조각으로도 쪽매맞춤이 된답니다! 정사각형을 자르고 붙여서
자신만의 독특한 조각으로 쪽매맞춤을 만들어 보아요.

원하는 대로
장식해요.

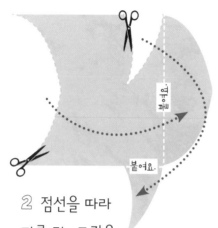

잘라요

붙여요.

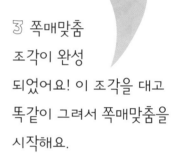

1 빈 종이에 이 정사각형과
점선을 똑같이 따라 그린
뒤 잘라 내요.

2 점선을 따라
자른 뒤, 조각을
그림처럼 붙여요.

3 쪽매맞춤
조각이 완성
되었어요! 이 조각을 대고
똑같이 그려서 쪽매맞춤을
시작해요.

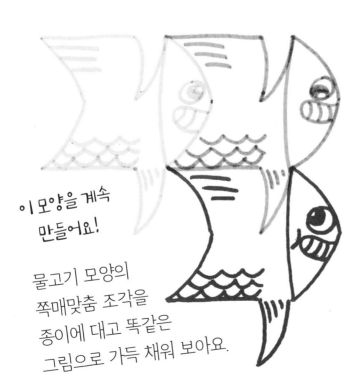

이 모양을 계속
만들어요!

물고기 모양의
쪽매맞춤 조각을
종이에 대고 똑같은
그림으로 가득 채워 보아요.

도전! 오른쪽에 있는 네모 그림을 똑같이 따라 그린 뒤 점선을 가위로 잘라요.

조각을 대고 같은 모양의 그림을 계속 그려 쪽매맞춤을 종이 가득 그려 보아요.

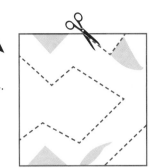

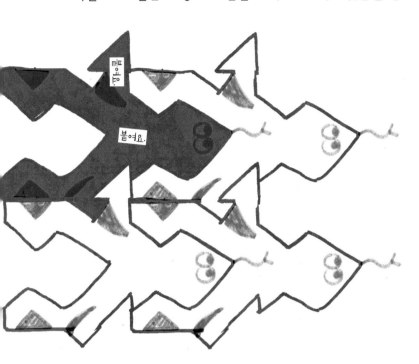

책 뒤에 있는 빈 종이로 나만의 쪽매맞춤 조각을 만들어요.
그 조각을 여기에 대고 그려 보아요!

면 뒤덮어서기

도움말 : 간단한 모양으로
시작하는 게 좋아요.

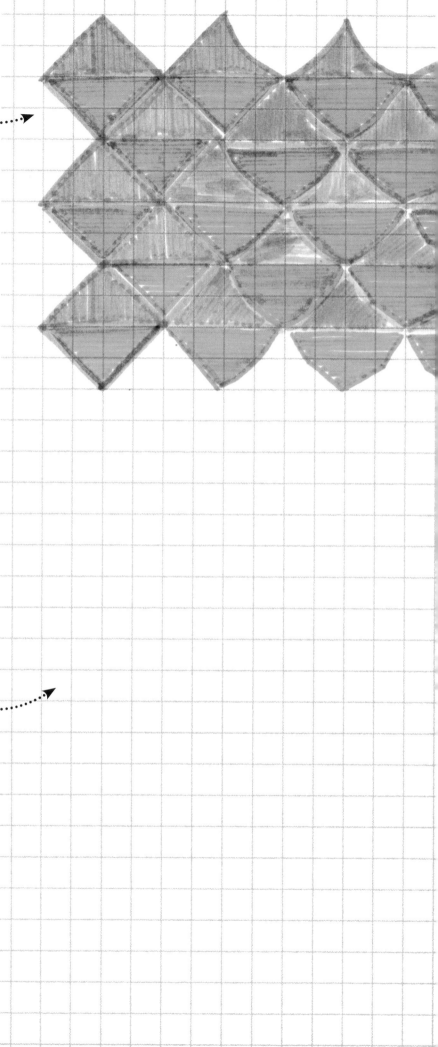

이 디자인으로 계속
그려 나가거나 나만의
모양을 만들어 보아요.

오른쪽으로 갈수록 모양이
달라지는 게 보이나요? 간단한
쪽매맞춤으로 시작해서 서서히
다른 모양으로 바꿔 보아요!

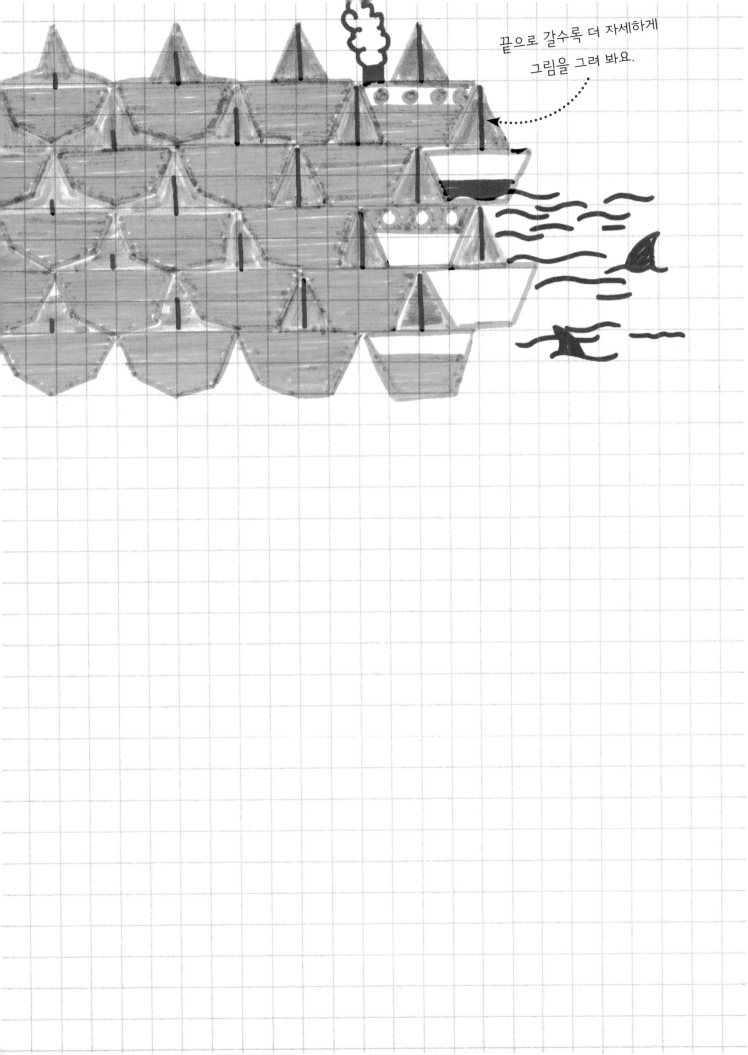

끝으로 갈수록 더 자세하게
그림을 그려 봐요.

빙빙 도는 물개

회전하는 쪽매맞춤을 만들어 볼까요!

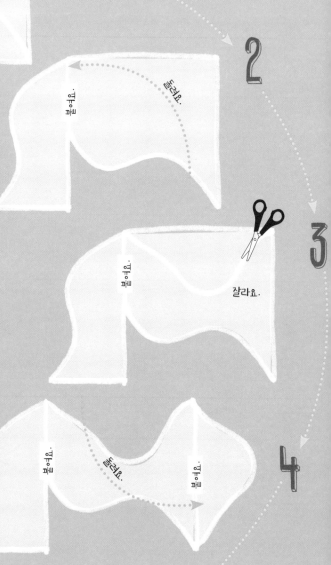

잘라요.

1. 사각형 위에 투명종이를 대고 그림을 베껴 그린 뒤 하얀 선을 따라 잘라요.

2. 잘라 낸 조각의 아래쪽을 왼쪽으로 돌려서 사각형의 왼쪽 변과 나란하게 놓아요. 그리고 셀로판테이프로 고정시켜요.

3. 종이 위쪽에 그림과 같은 모양을 그린 뒤 선을 따라 잘라 내요.

4. 새로 잘라 낸 조각을 돌려서 사각형의 오른쪽 변과 나란하게 놓아요. 셀로판테이프로 붙여서 고정시켜요.

5. 쪽매맞춤 조각이 완성됐어요. 이 모양과 똑같은 그림을 그려서 쪽매맞춤을 만들어 보아요. 물개 얼굴을 웃는 표정으로도 그려 보아요!

나만의 독특한 회전하는 쪽매맞춤을 만들고 싶나요? 빙빙 도는 물개 모양을 조금 바꾸면 나만의 쪽매맞춤 조각을 만들 수 있어요. 책 뒤에 있는 종이를 잘라서 쪽매맞춤을 만들어 보아요!

남은 꼬깃을 물개로 채워 보아요!

숫자에 맞춰 색칠하기

바둑판무늬 안에 숫자를 넣고 색칠하면 무늬가 생겨요. 2와 2씩 더한 숫자 칸은 어떻게 수직 줄무늬를 만들고, 3과 3씩 더한 숫자 칸은 어떻게 대각선 줄무늬를 만들까요? 이제 4와 4씩 더한 숫자 칸을 색칠해 어떤 무늬가 만들어지는지 살펴보아요.

1	2	3	4	5	6	7	8	9	10
11	12	13	14	15	16	17	18	19	20
21	22	23	24	25	26	27	28	29	30
31	32	33	34	35	36	37	38	39	40
41	42	43	44	45	46	47	48	49	50
51	52	53	54	55	56	57	58	59	60
61	62	63	64	65	66	67	68	69	70
71	72	73	74	75	76	77	78	79	80
81	82	83	84	85	86	87	88	89	90
91	92	93	94	95	96	97	98	99	100

7과 9, 11에 각각의 수를 계속 더한 칸마다 색칠하면 더욱 멋진 무늬가 만들어져요. 다른 숫자들도 색칠해 보고 어떤 무늬가 나오는지 확인해 보아요!

1	2	3	4	5	6	7	8	9	10
11	12	13	14	15	16	17	18	19	20
21	22	23	24	25	26	27	28	29	30
31	32	33	34	35	36	37	38	39	40
41	42	43	44	45	46	47	48	49	50
51	52	53	54	55	56	57	58	59	60
61	62	63	64	65	66	67	68	69	70
71	72	73	74	75	76	77	78	79	80
81	82	83	84	85	86	87	88	89	90
91	92	93	94	95	96	97	98	99	100

9줄

1	2	3	4	5	6	7	8	9
10	11	12	13	14	15	16	17	18
19	20	21	22	23	24	25	26	27
28	29	30	31	32	33	34	35	36
37	38	39	40	41	42	43	44	45
46	47	48	49	50	51	52	53	54
55	56	57	58	59	60	61	62	63
64	65	66	67	68	69	70	71	72
73	74	75	76	77	78	79	80	81

7줄

1	2	3	4	5	6	7
8	9	10	11	12	13	14
15	16	17	18	19	20	21
22	23	24	25	26	27	28
29	30	31	32	33	34	35
36	37	38	39	40	41	42
43	44	45	46	47	48	49

1	2	3	4	5	6	7	8	9	10	11	12
13	14	15	16	17	18	19	20	21	22	23	24
25	26	27	28	29	30	31	32	33	34	35	36
37	38	39	40	41	42	43	44	45	46	47	48
49	50	51	52	53	54	55	56	57	58	59	60
61	62	63	64	65	66	67	68	69	70	71	72
73	74	75	76	77	78	79	80	81	82	83	84
85	86	87	88	89	90	91	92	93	94	95	96
97	98	99	100	101	102	103	104	105	106	107	108
109	110	111	112	113	114	115	116	117	118	119	120
121	122	123	124	125	126	127	128	129	130	131	132
133	134	135	136	137	138	139	140	141	142	143	144

12줄

크기가 다른 바둑판무늬를 사용하면 무늬의 느낌이 달라져요. 7줄, 9줄, 12줄로 된 바둑판무늬 안의 각 숫자에 그 수를 계속 더한 칸마다 다른 색으로 색칠해 보아요. 2와 2씩 더한 숫자들을 색칠했을 때 어떤 무늬가 생기나요? 다른 숫자들은 어떤 무늬를 만드는지 살펴보아요.

책 뒤에 있는 모눈종이를 이용해 나만의 바둑판무늬를 만들어 보아요.

빙글빙글 돌기

수를 이용해 멋진 소용돌이를 만들어요!

1 먼저 3가지 수를 골라요.
2와 3, 4를 이용해 볼까요?

2 바둑판무늬 위에 선을 그릴
시작점을 정해요.

3 소용돌이 모양으로 선을 그려
보아요. 첫 번째 선은 오른쪽
방향으로 2칸, 그 다음에는 3칸을
그려요. 왼쪽 방향으로 4칸, 끝으로
다시 2칸을 아래로 그려요.

4 시작점으로 다시 돌아올 때까지
계속 반복해서 그리면 2-3-4 빙글빙글
소용돌이가 완성될 거예요!

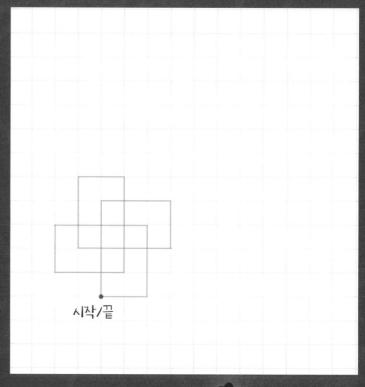

시작/끝

다 끝나면 여러분이 그린 빙글빙글 소용돌이를 색칠해 보아요.

2-1-4 빙글빙글 소용돌이를 만들어 보아요.

3-5-2 빙글빙글 소용돌이를 만들어 보아요.
(선이 조금 겹쳐도 걱정할 필요 없어요.)

시작/끝

시작/끝

2-1-4에서 4-2-1로 바꾸면 어떻게 될까요? 도전해 보아요!

나만의 빙글빙글 소용돌이를 만들어 보아요.

색을 칠해 보면 어떨까요?

빙글빙글 소용돌이 만들기

빙글빙글 소용돌이를 꼭 3가지 수로만 만들 수 있는 건 아니에요.

5-4-3-2 빙글빙글 소용돌이는 어떤 모양일까요?

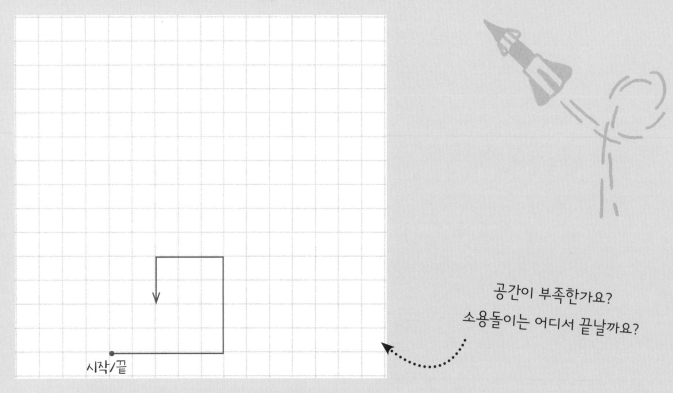

시작/끝

공간이 부족한가요?
소용돌이는 어디서 끝날까요?

1-2-3-4-5 빙글빙글 소용돌이는
어떤 모양일까요?

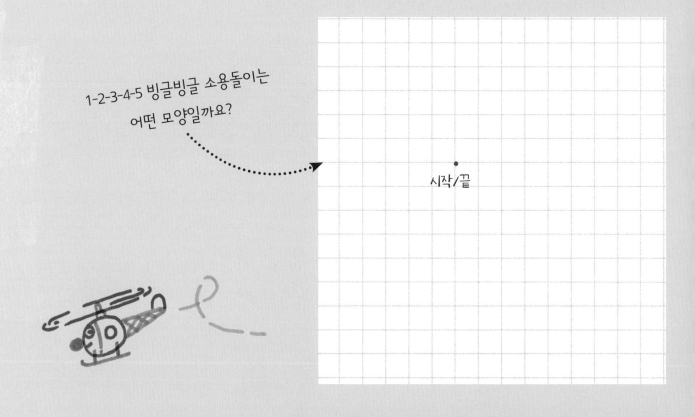

시작/끝

이곳에 나만의 빙글빙글 소용돌이를
만들어 보아요!

황금 소용돌이

소용돌이 그리기를 좋아한다고요? 그럼 특별한 수의 규칙을 이용해 완벽한 소용돌이를 그릴 수 있어요! 컴퍼스가 필요해요.

1 가로와 세로가 각각 1칸인 사각형을 그려요.

2 똑같은 사각형을 아래에 그려요.

3 1칸x1칸인 사각형 2개 옆에 2칸x2칸인 사각형을 그려요.

4 그 위에 3칸x3칸인 사각형을 그려요.

5 그 왼쪽에 5칸x5칸인 사각형을 그려요.

6 그 아래에 8칸x8칸인 사각형을 그려요.

7 그 오른쪽에 13칸x13칸인 사각형을 그려요.

8 이제 컴퍼스로 각각의 사각형을 지나가는 곡선을 그려요. 컴퍼스의 뾰족한 부분을 첫 번째 사각형 오른쪽 아래에 있는 빨간 점에 대고 원의 4분의 1을 그려요. 두 번째 사각형까지 이어서 그려요.

9 세 번째 삼각형의 왼쪽 위에 있는 회색 점에 컴퍼스의 뾰족한 부분을 대고 연필이 오른쪽 위 구석에 닿을 때까지 넓힌 뒤 곡선을 그려요.

10 네 번째에서 일곱 번째 사각형까지 각 색깔에 맞춰 곡선을 그려요. 꼭 앞에서 했던 것처럼 컴퍼스의 위치와 너비를 조절하며 그려야 해요.

컴퍼스의 뾰족한 부분을 놓는 곳.　　　　　　　　컴퍼스의 연필심을 두는 곳.

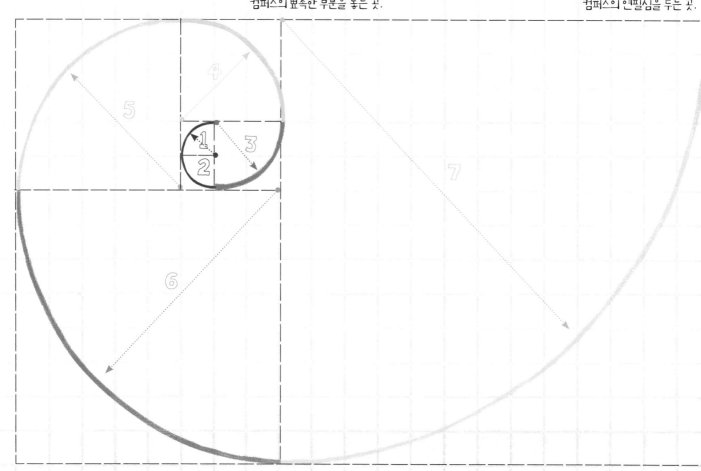

각각의 사각형 안에는 원의
4분의 1 이 들어 있어야 해요.

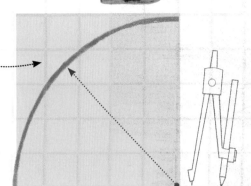

나만의 황금 소용돌이를
여기에 그려 보아요!

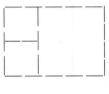

사각형 쪼개기

재미있는 퍼즐이 있어요.
이 퍼즐은 아름다운
예술이 되기도 하지요!

각각의 직사각형을 가능한
한 적은 수의 정사각형으로
나눠 보아요.

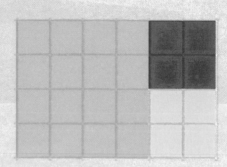

이 직사각형으로 나눌 수
있는 가장 적은 정사각형의
개수는 3개예요.

이 직사각형으로 도전해 보아요!

정사각형 6개를 찾아볼까요?

재미있게 색칠해 보아요!

정사각형 8개를 찾을 수 있나요?

정사각형으로 시작해도 재미있어요!

이 정사각형을 가장 적은 수의
작은 정사각형으로 나눠 보아요.

이 정사각형을 최대한 적은 수의
정사각형으로 나눠 보아요.

도전!
정사각형을 10개보다 적게
나눌 수 있나요?

이번에는 이 정사각형
으로 도전해 보아요!

특히 어떤 크기의
정사각형과 직사각형을
적은 수의 정사각형으로
나누었을 때 더 재밌나요?
책 뒤에 있는 모눈종이를
이용해 더 많이 도전해 보아요.

기울임의 예술

대부분의 그림은 보통 똑바로 바라봤을 때 정상적으로 보여요. 비율에 맞게 그렸기 때문이에요. 그리고 그 그림을 비스듬히 기울여 보면 좀 이상하게 보이지요. 그런데 왜상 기법을 이용한 그림은 일반적인 그림과 달리 길쭉하게 늘려 그려서 똑바로 보면 오히려 이상하게 보인답니다. 왜상 기법을 이용한 그림은 바라보는 각도에 따라 그림이 제대로 보이기도 하고 이상하게 보이는 착시가 일어나지요.

아래의 로봇 그림을 보아요. 아마 길쭉하게 늘어나 이상하게 보일 거예요. 이제 왼쪽 구석에 있는 눈 모양의 그림 가까이 눈을 갖다 대고 종이를 기울여 보아요. 종이가 바닥과 수평이 될 때쯤 로봇이 정상적으로 보이고 비율도 맞을 거예요. 어때요, 멋지지요!

각각의 네모난 점은 단순히 정사각형을 늘여 놓은 것뿐이에요. 하지만 그림 전체를 보면 로봇이 되지요!

이 방향이 정면이 되게 그림을 바라보아요. 그림이 똑바로 보일 거예요.

직접 그려 보세요

왜상 기법을 이용해 나만의 그림을 그려 보아요. 왼쪽
아래에 있는 바둑판무늬의 작은 사각형에 색을 채워
그림을 그려요. 그리고 그 그림을 오른쪽에 길게 늘여
놓은 바둑판무늬에도 똑같이 옮겨 그려요. 축에 적힌
숫자 그대로 똑같이 옮겨 그리면 돼요!

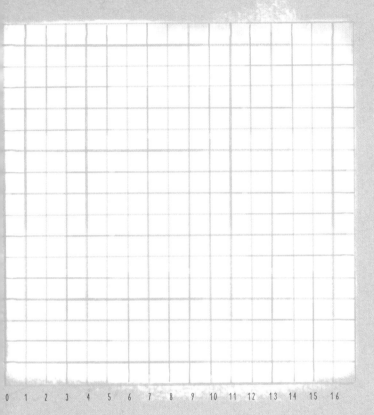

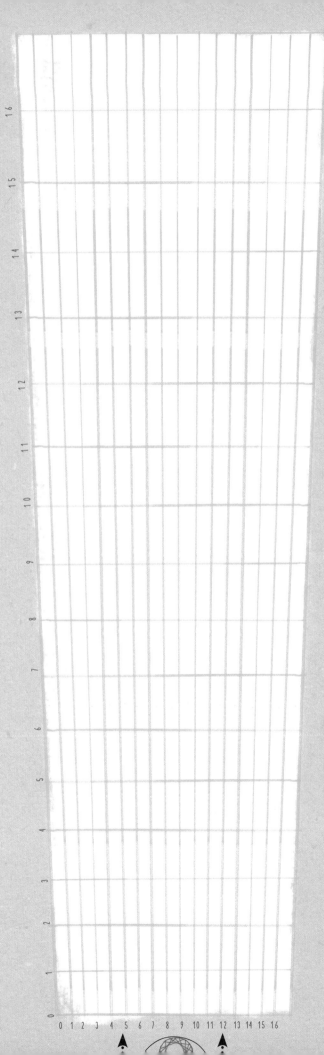

원래 바둑판무늬에 그린 그림은 정상적으로 보이지요.
하지만 왜상 기법으로 그린 그림은 이상하게 보여요.
자, 이제 오른쪽 아래 눈 그림이 그려진 곳에 눈을
대고 종이를 수평으로 기울여 보세요. 그럼 원래
바둑판무늬에 있는 그림과 비슷해 보인답니다.

입체 예술

어떻게 하면 평평한 종이 위에 입체로
보이는 그림을 그릴 수 있을까요?
원근법을 이용해 보아요!

1

수평선을 그려요. •••••

선의 중심에 점을 찍어요.
이 점을 '소실점'이라고 불러요.

2

선 위쪽과 선 아래쪽 그리고
선 위에 걸친 정사각형
3개를 그려 보아요.

3

정사각형의 네 꼭짓점과
소실점을 선으로 이어요.

2

1

정사각형이 1번처럼 선 위에 있으면
선을 2개만 그려요.

3

정사각형이 2번이나 3번처럼 선 위쪽이나
아래쪽에 있으면 선을 3개 그려요.

이제 상자를 만들어 보아요.

선을 조금 지우면
긴 상자가 돼요.

선을 많이 지우면
짧은 상자가 돼요.

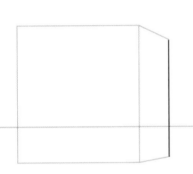

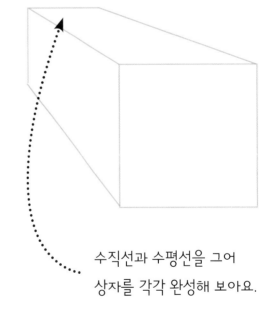

수직선과 수평선을 그어
상자를 각각 완성해 보아요.

와, 상자가 날아다녀요! 조금 더 그려 볼까요?

나만의 입체 도형 그리기

먼 곳을 바라보면 멀리 있는 물체일수록 작아 보여요. 그리고 선이 멀어질수록 하나의 점 (소실점)으로 모이는 것처럼 보이지요. 물론 실제로는 사실이 아니에요. 멀리 떨어져 있다고 해서 물체가 줄어드는 건 아니랍니다.

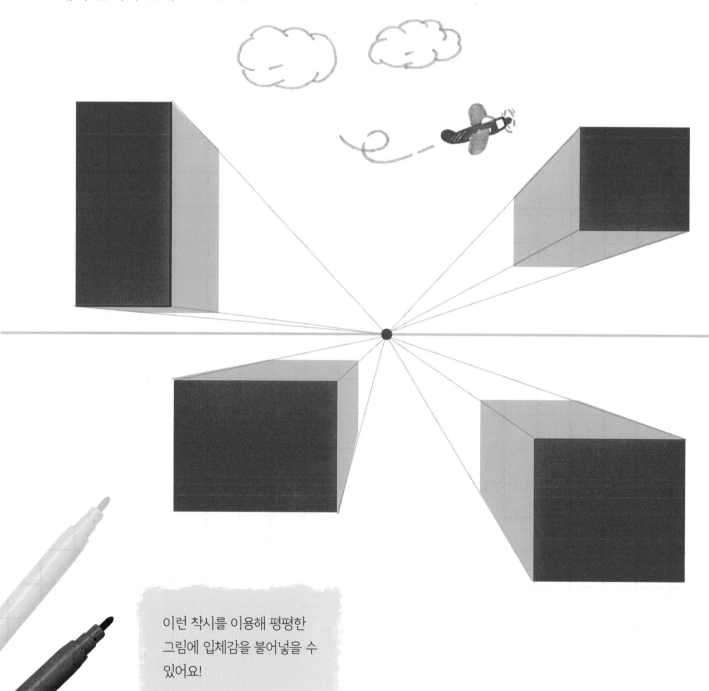

이런 착시를 이용해 평평한 그림에 입체감을 불어넣을 수 있어요!

이처럼 소실점이 하나인 입체 도형 그리기를 '1점 투시 원근법'이라고 해요.

이제 63쪽에 있는 선 몇 개를 이용해서 나만의 입체 도형을 그려 볼까요!

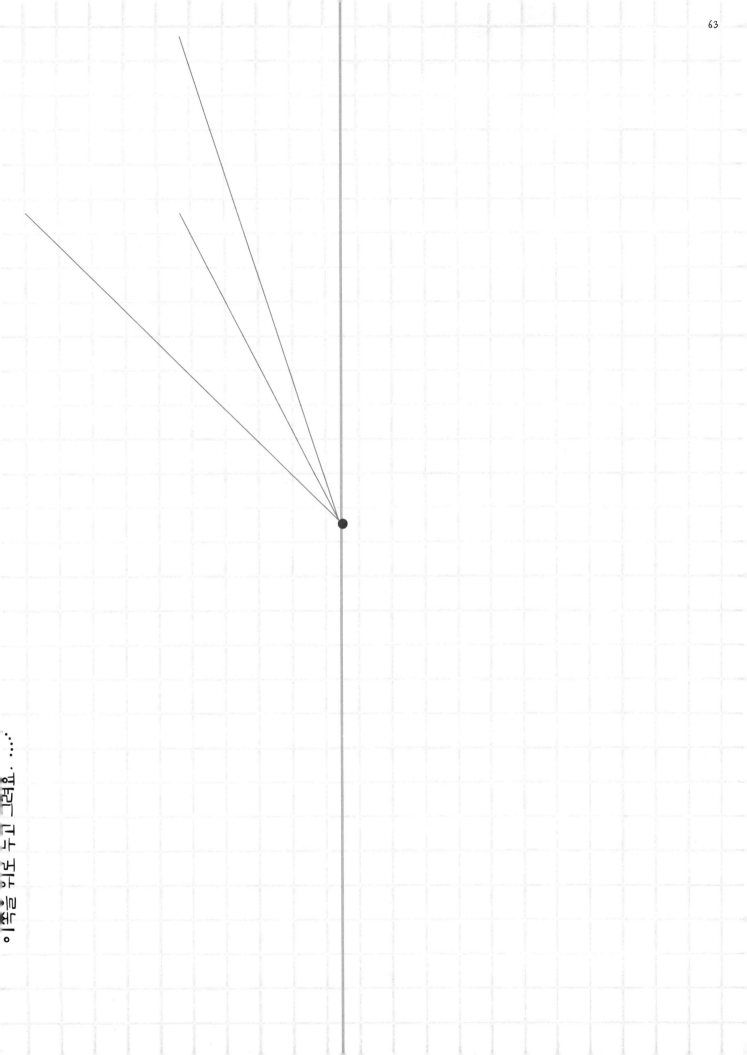

이목을 위로 두고 그래요. ....

불가능한 삼각형

원근법으로 착시 현상을 일으켜 불가능한 입체 도형을 그릴 수 있어요.

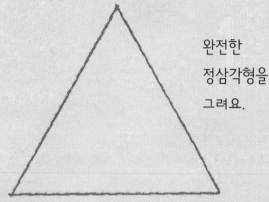

완전한
정삼각형을
그려요.

24~25쪽에 있는 삼각형 그리는 방법을 활용해요.

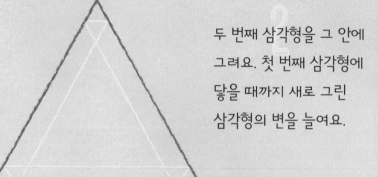

두 번째 삼각형을 그 안에
그려요. 첫 번째 삼각형에
닿을 때까지 새로 그린
삼각형의 변을 늘여요.

끝을 연결해요.

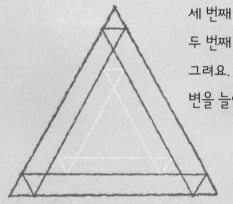

세 번째 삼각형을
두 번째 삼각형 안에
그려요. 2번에서처럼
변을 늘여요.

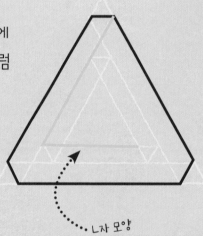

첫 번째 삼각형 안에
L자 모양의 선을 그려요.
그리고 바깥쪽 삼각형의
윤곽선을 검정색으로
진하게 그려요.

L자 모양

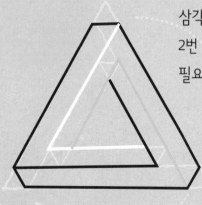

삼각형을 돌려서 L자를
2번 더 그려요. 그런 다음
필요 없는 선을 지워요.

그림자를 약간
그려 주면 불가능한
입체 도형 완성!

이제 나만의
불가능한 삼각형을 그려 보아요!

지금까지 익힌 방법을 응용해서
불가능한 별을 만들어 보아요!

색칠하기 퍼즐

서로 맞닿아 있는 두 면을 모두 다르게
색칠할 수 있나요?

2가지 색으로만
칠해 보아요.

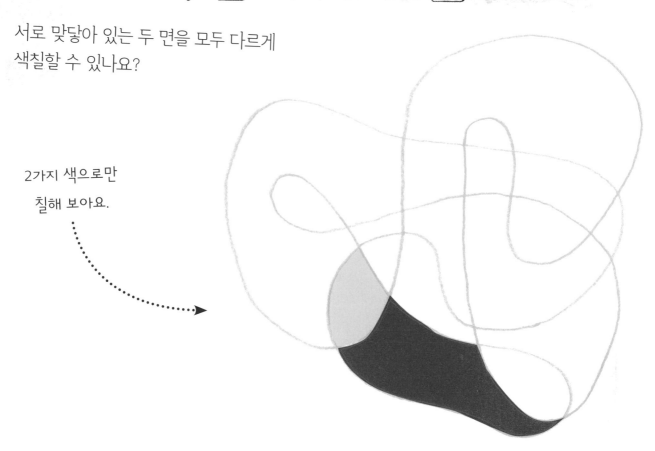

4가지 색으로만
칠해 보아요.

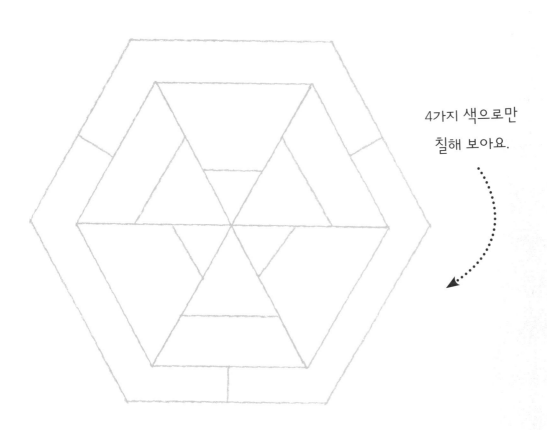

빈 공간에 선을 마음대로 그리거나 여러 개의 도형을 겹쳐서 그림을 그려 보아요.
멋진 색으로 그림을 채워 나만의 무늬를 만들어요!

조금 더 복잡한 색칠하기 퍼즐

3가지 색으로 이 퍼즐을 풀어 보아요. 서로 닿아 있는 두 면의 색이 같아서는 안 된다는 것을 꼭 기억해야 해요.

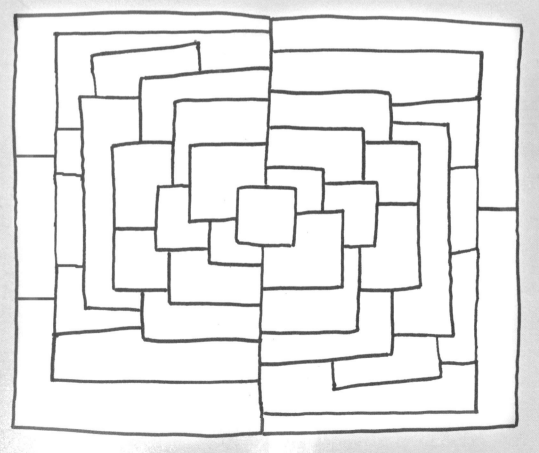

이 퍼즐은 직각과 끊어진 선으로 가득해요. 4가지 색을 이용해 퍼즐을 풀어 보아요!

나만의 색칠하기 퍼즐을 만들어 보아요!

4가지보다 더 많은 색으로 색칠하기 퍼즐을 만들 수 있나요? 도전해 보아요!

어떤 색칠하기 퍼즐도 4가지 색이면
충분히 풀 수 있어요.

슈퍼스타

꼭짓점이 7개인 별을 만들어 볼까요?
25개인 별도 만들 수 있나요? 수만 셀 수
있으면 간단하게 만들 수 있어요.

칠각별 만들기

1. 원 위에 점을 7개 찍어요.

2. 1부터 시작해 3번째에 있는 점마다 선으로 이어요.

3. 처음 시작한 곳으로 돌아올 때 까지 계속 3번째에 있는 점마다 선으로 이어요.

4번째에 있는 점마다 모두 이어 보아요.

시작

시작점에서 2번째에 있는 점마다 모두 이어 보아요.

별이 보여요!

반드시 점 7개로 시작할 필요는 없어요. 3번째에 있는 점마다
모두 이을 필요도 없어요! 점 9개, 11개, 혹은 30개로 도전해
보아요. 그리고 점을 잇는 순서를 바꿔 가며 별을 만들어 보아요.

점 11개? 3번째에 있는 점마다 이어 보아요.

점 9개! 몇 번째 점과 이을지 선택해 봐요.

점 15개! 3번째나 4번째에 있는 점마다 이으면 넓은 별이 나와요.

점 17개! 3번째에 있는 점마다 이어 봐요. 4번째에 있는 점마다 이으면 넓은 별이 나오지요. 또는 7번째나 8번째에 있는 점마다 이으면 뾰족한 별이 나와요!

또는 6번째나 7번째에 있는 점마다 이으면 뾰족한 별이 나오지요.

오일러의 도전

어느 한 점에서 시작해 종이에서 연필을 떼지 않고 같은 점에서
그림 그리기를 마칠 수 있나요? 한 선 위를 2번 움직이면 안 돼요.

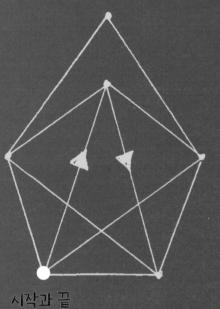

시작과 끝

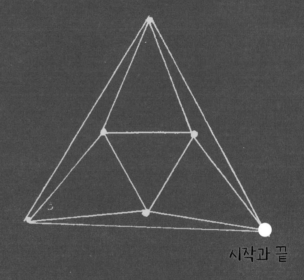

시작과 끝

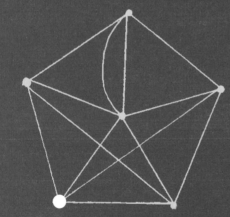

시작과 끝

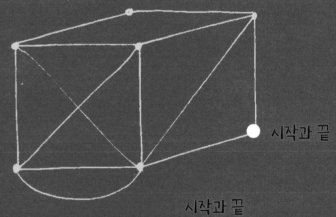

시작과 끝

이 그림은 무척 복잡해
보여요. 하지만 가운데 있는
팔각별을 이용해 한번
도전해 보아요!

시작과 끝

이건 불가능해요!

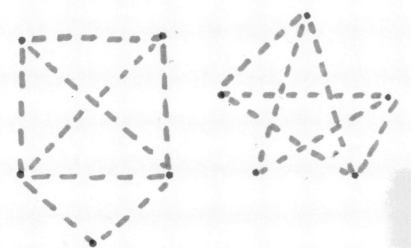

이 두 그림은 어느 한 점에서 시작해 연필을 떼지 않고 모든 선을 그린 뒤 시작점에서 끝낼 수 없어요. 아무리 여러 방법으로 해 보아도 불가능해요. 한번 도전해 보아요!

왜 불가능할까요?

수학자 레온하르트 오일러는 오래 전에 모든 점에 연결된 선의 개수가 짝수일 때만 시작한 점에서 다시 끝낼 수 있다는 걸 알아냈어요. 위의 두 그림에는 선이 3개 연결돼 있는 점이 있어요. 그래서 불가능한 거랍니다.

이곳에 나만의 오일러의 도전을 만들어 보아요.

더 자세히 알아보기

좀 더 해 보고 싶다고요? 여기에 멋진 수학 예술 책을 만들 수 있는 아이디어가 많이 있답니다.

작품 아이디어

24~27쪽과 38~39쪽에서는 컴퍼스와 자를 이용해 완전한 삼각형과 육각형을 그리는 방법에 대해 보여 주어요. 두 도구로 그릴 수 있는 다른 도형이 있을까요?

파스칼 삼각형 만들기를 할 때(32~33쪽) 꼭대기에 1이 아닌 다른 수를 넣거나 다른 방법으로 수를 합해 보아요.

나만의 스토마키온 퍼즐(34~37쪽)을 만들어 보아요. 정사각형을 여러 가지 모양의 조각으로 자른 뒤 어떤 모양을 만들 수 있는지 맞춰 보아요.

공을 덮을 수 있는 변신 쪽매맞춤(40~43쪽)을 만들어 볼까요? 정육면체 쪽매맞춤도 만들 수 있나요? 여러 가지 다른 모양으로 쪽매맞춤을 만들어 보아요.

나만의 사각형 쪼개기(56~57쪽)를 퍼즐로 만들어 보아요. 정사각형을 하나하나 잘라 낸 뒤 다시 직사각형으로 만들어 보아요.

서로 합쳐요

나만의 사각형 쪼개기(56~57쪽)를 만든 뒤, 빈 정사각형을 무한히 많은 원(20~21쪽)으로 채우거나 거미줄(18~19쪽)로 만들어 보아요.

70~71쪽에서 만든 별을 무늬로 채워 아름다운 만다라(22~23쪽)를 만들어 보아요.

68~69쪽의 색칠하기 퍼즐을 이용해 쪽매맞춤이나 원, 정사각형으로 쪼갠 직사각형 등 다른 그림을 칠해 보아요.

좋아하는 그림을 오려 붙여 보아요! 아니면 지금까지 해 본 것을 응용해서 멋진 창작 작품으로 가득 찬 나만의 수학 예술 책을 만들어 보아요!

다른 것도 도전해 보아요!

실을 가지고 16~19쪽의 포물선이나 70~71쪽의 별을 만들어 볼까요? 종이에
선을 그리는 대신 핀에 색실을 묶어서 원이나 한 쌍의 축을 만들어 보아요.

먼저 유리나 투명한 플라스틱 위에 색깔 있는 풀로 색칠하기 퍼즐(66~69쪽)의
외곽선을 그려요. 빈 공간을 색깔 있는 투명한 페인트로 칠하되, 마주 닿는 부분을
다른 색으로 칠하는 규칙에 따라 스테인글라스 창문을 완성해 보아요!

만다라(22~23쪽)는 전통적으로 색깔 있는 모래로 만들어요. 둥근 종이 위에
나만의 만다라 패턴을 그린 뒤 풀로 칠해요. 그 위에 색깔 있는 모래를
조심스럽게 뿌려서 만다라를 완성해 보아요!

쿠키를 만들 때 사용하는 틀을 쪽매맞춤 모양으로 만들어 보아요! 두꺼운 알루미늄
호일이나 얇은 플라스틱으로 쪽매맞춤 틀을 만들어요(42~43쪽 또는 46~47쪽).

쪽매맞춤(42~47쪽)을 이용하면 멋진 장식을 할 수 있어요. 비어 있는 벽이 있다
고요? 그럼 쪽매맞춤 벽지를 만들어 보아요! 티셔츠를 장식할 무늬가 필요하다
고요? 쪽매맞춤으로 채워 봐요! 컵이나 화분, 팔찌, 베개에 쪽매맞춤을 그려
친구들에게 멋진 선물을 해 보아요.

쓰는 말 설명

각 : 두 선이 한 점에서 만났을 때 그 사이의 공간. 도(°)로 표시한다.

각도기 : 각을 재거나 그리는 데 쓰는 도구.

고리 : 2개 이상의 원이 서로 연결된 것.

그래프 : 이 책에서는 점을 선으로 이어 그린 그림.

대칭 : 오른쪽과 왼쪽이 똑같은 도형. 대칭을 이루는 도형은 회전했을 때에도 모양이 달라지지 않는다.

도(°) : 각도를 잴 때 쓰는 단위.

등변 : 도형의 모든 변의 길이가 서로 같다는 뜻.

만다라 : 힌두교와 불교의 상징물. 원으로 만들어지며, 대칭 모양이 많다.

무한 : 한계가 없거나 영원히 끝나지 않는 것을 뜻한다.

모눈 : 일정한 간격으로 여러 개의 세로줄과 가로줄을 그려 놓은 종이.

반지름 : 원의 중심에서 원둘레 사이의 거리.

삼각형 : 변이 3개인 도형.

소실점 : 평면 위에 입체를 그릴 때 투시도를 그린 선이 만나는 점.

수직 : 직선과 직선, 직선과 평면 또는 평면과 평면이 서로 만나 직각을 이루는 상태.

수열 : 특정 순서대로 벌여 놓은 수를 말한다.

수평 : 기울지 않고 평평하게 양옆으로 뻗어 있는 선.

수평선 : 원근법 그림을 두 부분으로 나누는 선. 위아래로 뻗어 있는 선과 직각을 이룬다.

스토마키온 : 정사각형 안에 들어맞는 서로 다른 14개의 조각으로 이루어진 퍼즐.

시어핀스키 삼각형 : 정삼각형을 더 작은 정삼각형으로 나눠서 만드는 프랙털. 더 작은 정삼각형으로 계속 반복된다.

심장형 곡선 : 여러 개의 원을 겹쳐서 만든 심장처럼 생긴 곡선.

오각형 : 변이 5개인 도형.

오일러 곡선 : 한 점에서 시작해 연필을 떼지 않은 채 모든 선을 단 한 번만 지나 그릴 수 있는 그림.

왜상 기법 : 특별한 방향이나 특수 렌즈를 통해서 봐야 정상적으로 보이는 왜곡된 예술.

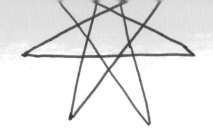

원근법 : 높이와 폭, 길이를 정확히 나타낸 것처럼 보이도록 입체인 물체를 평면에 그리는 방법.

육각형 : 변이 6개인 도형.

자리 : 0에서 9 사이의 한 숫자. 예를 들어, 28은 2와 8로 된 두 자릿수다.

정사각형 : 4개의 변 길이가 모두 같고, 모든 꼭지각의 크기가 90°인 사각형.

직각삼각형 : 한 꼭지각의 크기가 90°인 삼각형.

직사각형 : 직선 4개로 이뤄진 도형. 서로 마주 보는 직선의 길이가 똑같고, 네 모서리는 직각이다.

짝수 : 2로 나누어떨어지는 자연수.

쪽매맞춤 : 반복적이고 대칭적인 모양의 무늬. 빈틈이나 겹치는 부분이 없다.

축 : 좌표와 점의 위치를 정하기 위해 사용하는 수평선과 수직선.

칠각형 : 변이 7개인 도형.

컴퍼스 : 완전한 원을 그리기 위해 사용하는 그리기 도구.

코흐 눈송이 : 삼각형의 변을 똑같이 생긴 더 작은 삼각형으로 계속 나눠 만든 프랙털.

팔각형 : 변이 8개인 도형.

평행 이동 : 도형의 모양이 바뀌지 않고 같은 방향으로 같은 거리만큼 옮기는 것. 회전하거나 변형하지 않은 채 여러 번 반복하면 평행 이동인 패턴을 만들 수 있다.

포물선 : 높아질수록 서서히 양 옆으로 넓어지는 U자 모양의 곡선.

프랙털 : 영원히 반복되는 모양이나 무늬. 각 부분은 그 부분과 똑같이 생겼지만 더 작은 모양으로 이뤄져 있다.

홀수 : 2로 나누어떨어지지 않는 자연수.

회전 : 도형을 한 점 혹은 한 꼭짓점을 중심으로 돌리는 것.

회전 대칭 : 어느 정도 돌렸을 때 다시 처음 위치와 완전히 겹치는 평면 도형. 원 안에 한 모양을 반복해서 넣으면 회전 대칭인 무늬를 만들 수 있다.